神奇的航天育种

主 编 唐国来

　　　　孔令娟

　　　　陆 奕

绘 画 知渺文化

上海科学技术出版社

图书在版编目（ＣＩＰ）数据

神奇的航天育种 / 唐国来，孔令娟，陆奕主编；知渺文化绘画. -- 上海：上海科学技术出版社，2022.11
ISBN 978-7-5478-5903-2

Ⅰ. ①神… Ⅱ. ①唐… ②孔… ③陆… ④知… Ⅲ. ①航天育种－普及读物 Ⅳ. ①S335.2-49

中国版本图书馆CIP数据核字(2022)第187457号

神奇的航天育种

唐国来　孔令娟　陆　奕　主编

知渺文化　绘画

上海世纪出版（集团）有限公司
上 海 科 学 技 术 出 版 社　出版、发行
（上海市闵行区号景路 159 弄 A 座 9F-10F）
邮政编码 201101　　　www.sstp.cn
上海雅昌艺术印刷有限公司印刷
开本 889×1194　1/16　印张 3.75
字数 100 千字
2022 年 11 月第 1 版　2022 年 11 月第 1 次印刷
ISBN 978-7-5478-5903-2/N·249
定价：58.00 元

序

我国国土辽阔，有着丰富的生物多样性。但近现代以来，随着主要农作物单一品种的大规模种植推广和许多地方野生品种的人工驯化以及大量国外种子的进入，令我国农作物的许多地方品种被杂交、转基因等技术育成的产品所淘汰。这不仅严重削弱了我国生物遗传多样性的丰富程度，而且直接导致我国农业种质资源的日益匮乏和遗传背景的狭窄，成为严重限制我国种业发展的重要瓶颈。没有了育种种源所要求的基础材料，作物育种也成无源之水、无本之木，难以形成突破和创新。

粮食安全是国家安全的重要基础，科技支撑则是实现国家粮食安全战略的五大支柱之一，种源安全更是被国家提升到关系国家安全的战略高度。实现种业科技自立自强、种源自主可控对于解决我国的三农问题、服务乡村振兴战略，具有广阔前景和深远意义。30 多年来的航天育种空间诱变实践，不仅创制出上万种种质资源，而且育成了 240 多个国审、省审主粮新品种；在蔬菜、水果、花卉、牧草等诸多领域也创造了巨大的社会与经济效益，为人民的营养健康和美好生活提供了丰富的选择。上述成就的取得，明确和凸显了航天育种的价值与作用，有力地证明了航天育种既是航天科技与现代农业相结合的重要领域，也是支撑我国未来深空探索和太空旅行的重要支点。

但受一些以讹传讹的影响，部分民众对航天育种仍抱有异议、存有疑虑，妨碍了航天育种的快速发展与广泛利用。对此，亟须正本清源，向公众充分普及科技前沿的新知识。本书借助原理阐释、应用举例与成果展示，深入浅出地向读者介绍了航天育种的来龙去脉，将帮助人们准确认识其科学性、安全性和必要性，有助于充分发挥航天育种的积极作用和巨大潜力。

航天育种产业创新联盟秘书长
研究员
2022 年 8 月 30 日

3

主　编　唐国来
　　　　孔令娟
　　　　陆　奕

编写人员　陈　旭
　　　　　王齐旭
　　　　　张青青
　　　　　蒋闻越
　　　　　章先飞

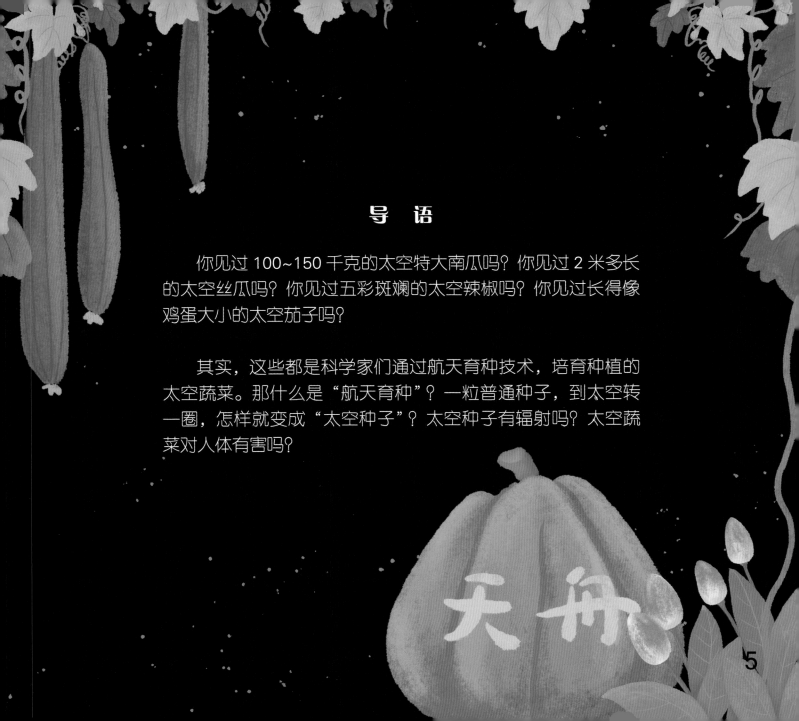

导　语

你见过 100~150 千克的太空特大南瓜吗？你见过 2 米多长的太空丝瓜吗？你见过五彩斑斓的太空辣椒吗？你见过长得像鸡蛋大小的太空茄子吗？

其实，这些都是科学家们通过航天育种技术，培育种植的太空蔬菜。那什么是"航天育种"？一粒普通种子，到太空转一圈，怎样就变成"太空种子"？太空种子有辐射吗？太空蔬菜对人体有害吗？

带着这些疑问，让我们一起走进上海航育种子基地，共同领略航天育种的神奇魅力。

植物种子、作物育种和人类的关系

要了解航天育种，首先要了解植物种子和作物育种。人们常说"民以食为天，农以种为先"，这句话充分说明了植物种子与人类生活密切相关。

◆种子能繁育后代

大部分植物的繁殖都要依靠种子，因为有了种子，植物的物种才得以延续，并为人类提供足够的食物、药材和各种原材料。

我的作用可大了！

◆种子可以直接食用

人们吃的粮食、蔬菜、水果等，很多都来自植物种子。最常见的有水稻、小麦、大豆、玉米、花生、豆类、瓜子、松子、咖啡等。

◆作为原材料

还有很多植物种子可以作为药材、饲料和化工等原料。

可见种子对人类的生存和发展有着不可替代的作用。

农作物的育种技术伴随着农业的发展而发展。在上古时代，炎帝"神农氏"遍尝百草，选择出可供人们食用的谷物；又观察天时地利，创制斧斤耒耜，教导人们种植谷物，开创了栽培植物的先河。据《周书》记载："神农之时，天雨粟。神农遂耕而种之，作陶冶斧斤，为耒耜锄耨，以垦草莽。然后五谷兴助，百果藏实。"

在周代，已形成不同播期和熟期的作物品种概念，《诗经》曰："九月筑场圃，十月纳禾稼。黍稷重穋，禾麻菽麦"，意思是"九月修筑打谷场，十月庄稼收进仓。黍稷早稻和晚稻，粟麻豆麦全入仓"。

北魏《齐民要术》以谷类为例，在书中共搜集 80 多个谷子品种，并按照成熟期、植株高度、产量、品质、抗逆性等特性进行分析比较，制订了品种的分类标准和科学选种、繁育良种的方法。

11

今天，人类应用系统法育种、杂交育种、细胞工程育种、分子育种、诱变育种等现代育种技术开展品种选育，至今已有250多种植物被驯化、改良和栽培利用。

　　杂交水稻之父袁隆平院士应用杂交育种技术发明了杂交水稻、超级杂交水稻，不仅解决了中国人的吃饭问题，对世界减少饥饿也作出了卓越的贡献。

　　而航天育种就是运用了诱变育种技术中物理诱变的方法和原理。

13

为啥要让种子"上天"？

　　随着科学技术的发展，人们探索外部世界的活动由陆地延伸到海洋、拓展到太空。之所以让种子"上天"，就是要利用太空中特殊的空间环境对种子进行诱变，促进种子发生基因突变，从而培育出新的农作物品种。

中国科学家提出航天育种新思路

1987 年 8 月 5 日，随着我国第九颗返回式科学试验卫星的成功发射，一批水稻和青椒等农作物种子被送向了遥遥天际，这是我国农作物种子的首次太空之旅。当时搭载作物种子的目的，只是想看看太空环境对植物遗传性是否有影响。但是，科学家们在后续的地面实验中无意间发现，极个别上过天的种子发生了一些意外的遗传变异，因此人们开始考虑利用这种方式进行农作物航天育种。

什么是航天育种？

　　航天育种，也称太空诱变育种，是指将植物种子、组织等种质材料搭载到返回式卫星、宇宙飞船等返回式航天器中，送到宇宙空间，并利用宇宙空间特殊环境的诱变作用使种质材料的生物基因产生变异，再返回地面进行选育，从而培育新品种、新材料的植物育种技术。

　　航天育种作为诱变育种的一种，与常规诱变育种没有本质区别，只是诱变的手段不同，它是在常规育种层面增加了让种质材料上天的过程。航天育种具有以下独特的优势：

◆ 有益变异率高

　　一般种子在太空中，虽然有益的基因变异仅是千分之三五至百分之一二，但是比地面自然环境下几十万分之几到百万分之几的变异概率要高许多倍，而基因变异频率越高，培育出新品种的概率也就越大。

◆ 育种周期短

　　通过太空诱变获得的很多变异性状，不仅能够遗传给后代，而且性状稳定速度快，这就大大缩短了育种的周期。一般通过传统育种技术培育出一个新品种平均需要8～10年，而航天育种只需4～5年。

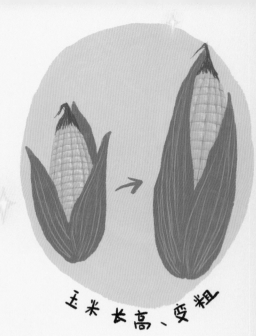

玉米长高、变粗

◆ 出现罕见变异

　　地球植物的形态、生理和进化早已适应了地球重力的环境，一旦进入宇宙空间微重力环境（接近零重力水平），同时受到其他特殊因素影响的综合作用，将更有可能产生一些在地面上难以获得的基因变异，从而为培育出作物新品种奠定了基础。

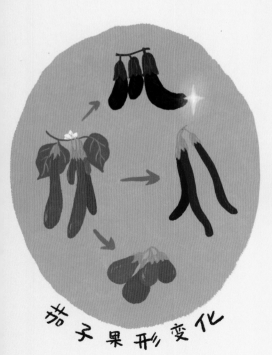

茄子果形变化

我是传统种子，我的育种周期是8～10年

我是航天种子，我的育种周期只要4～5年

17

◆产量大幅度提高

航天育种专家培育的"航椒8号",产量比一般品种提高 20%。

18

◆营养成分显著提升

"闽樱一号"太空樱桃番茄糖度比对照品种高出 10% 左右。

航天育种的技术流程

　　有人可能认为只要将植物种子搭载于卫星、飞船，到太空遨游一圈，返回地球后就成为"太空种子"了。其实不然，航天育种要经历 3 个步骤，即种子筛选、太空诱变、地面选育，并获得农作物品种登记（认定）证书，才能真正成为"太空种子"。

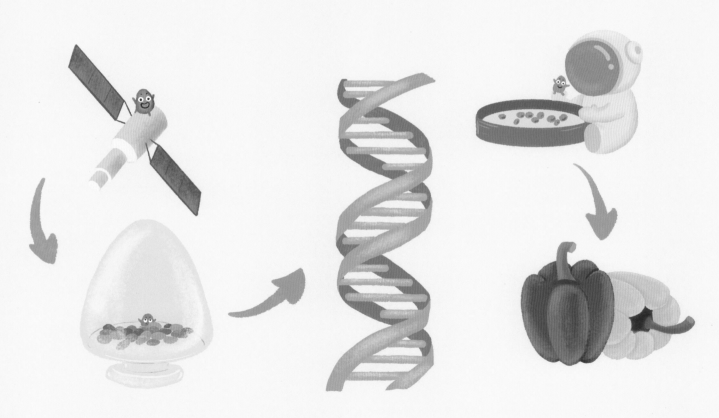

种子筛选——哪些种子可以上天？

　　种子筛选是航天育种的第一步。不是所有的种子都有机会飞上太空的，能上天的种子应具备以下这些要求：

◆ 性状优

　　应选择综合性状优良、遗传性稳定的品种或材料，可以是常规优良品系，也可以是杂交组合的亲本材料。

◆ 数量大

　　为确保产生足够的变异，每个品种的种子应搭载足够的数量，一般为 1000 粒以上。

◆ 质量高

　　搭载的种子必须通过精选，以保证种子的纯度、净度和发芽率等。

太空诱变——"上天"后种子究竟经历了什么？

大家知道航天育种是种子在太空中发生了突变，准确地说是种子的脱氧核糖核酸（DNA）排序发生各种随机的、不可预见的变化。太空中诱导种子发生变异的因素很多。

◆ 空间辐射

主要是天然的宇宙射线和地磁场捕获的带电粒子等，包含高能质子射线、高能电子射线、中子射线、X射线、γ射线等。

它们能穿透宇宙飞行器的舱壁，对种子内部各部分尤其是胚进行强烈轰击，导致染色体缺失、倒置、异位和重复等染色体水平或基因组水平上的变异，进而导致遗传性状的改变。高能重粒子或宇宙射线击中的部位不同，所产生的突变频率也不同，最终变异性状的表现也不一样。

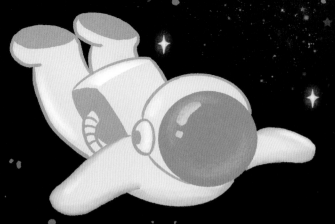

◆ 微重力

是指物体处于失重状态，与完全失重状态很接近，表现为物体只受到极小的重力。

植物在地球上受到地心引力影响，总是根朝下生长，茎朝上生长。一旦进入太空处于微重力环境，重力会极大地降低，使植物失去了在静止状态下的向地性生长反应，导致对重力的感受、转换、传输、反应发生变化，从而迫使植物产生变异。

◆ 其他诱变因素

种子在太空飞行时，还受到高真空、交变磁场及其他未知因素的影响，这些可能都是加速种子发生变异极为独特的因素。

航天育种的结果与种子在太空停留的时间没有太大关系。华南农业大学做过以下试验：把种子按照顺序排在核激板上，等种子回到地球后，从核激板上的痕迹可以探测出种子经过高能离子辐射的次数。结果发现，由于航天育种在精确度上难以控制，带有一定的随机性，因而种子被高能离子击中的次数并不是越多越好，在太空中停留的时间也不是越长越好。只要高能粒子能够准确击中种子胚的DNA链条，后期就可能筛选出向着人类需要方向发生变异的植株。

　　上过天的种子后代主要表现为植株的形态、颜色、大小，以及生育周期、营养成分、抗逆能力等农艺性状的变异。即便是同一品种搭载于同一颗卫星，其变异结果也不一样。

茄子果实形状变化

茄子果色变化

花卉颜色变化

玉米穗形变化

牵牛花颜色变化

紫花苜蓿叶形变化

搭载前

搭载后

地面选育——种子返回地面后如何进行选育？

返回地面后，并非所有搭载的种子都会变成高产和优质的品种，而是要在田间进行种植，并由育种工作者从中筛选出符合育种目标、稳定性一致的变异株或优良自交系配制杂交组合。一般至少要经历 4 ~ 5 年时间，通过选择、淘汰、试种、认定登记，最后才能培育出一个新的航天品种。

下面以航天新品种"闵樱一号"樱桃番茄为例，介绍一下航天育种技术流程。

◆第一步，筛选种子

筛选植株生长势、结果能力及抗病性均较强的"千禧"樱桃番茄自交后代种子和可溶性固形物含量高、口感好的上海本地番茄种子作为搭载于载人飞船的材料。

◆第二步，太空诱变

于 2016 年 10 月 17 日搭载"神舟十一号载人飞船"升空，在轨高度 393 千米，并于 11 月 18 日成功返回地球，历时 33 天。

◆第三步，地面选育

历经 5 年的亲本选育、杂交配组、品比试验和栽培试验，选育成樱桃番茄新品种"闵樱一号"，并通过品种登记。

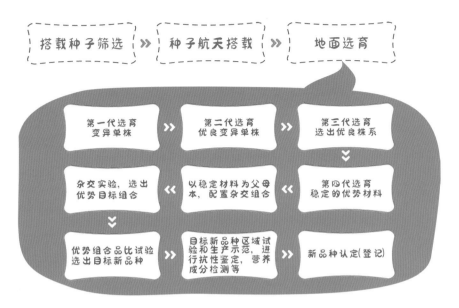

第 1 代（2017 年）：将搭载返回的 246 份"千禧"樱桃番茄自交后代种子和 305 份上海本地樱桃番茄种子播种种植、观察鉴定，分别筛选获得植株长势强、第一花序节位低、可溶性固形物含量高、单株产量高和抗病性强的 4 份变异单株材料和果形椭圆、味甜、生长势强的 5 份变异单株材料。

第 2 代（2018 年）：将 4 份和 5 份变异单株材料按株系分别种植观察，从株系中筛选出表现优良的单株材料。

第 3 代（2019 年）：继续将第 2 代表现优良的单株分别种植观察，获得具有利用价值的稳定自交系材料，选取其中最优异的材料分别作为杂交组合的母本和父本。

配制杂交组合（2020 年）：将以上 3 代筛选出来的母本和父本配制成多组杂交组合，各组合再经过品种比较试验，从中挑选出各方面性状表现最为优秀的组合，暂定名为"闵樱一号"。

品种比较试验和栽培试验（2020—2021 年）：品比试验表明，"闵樱一号"比"千禧"樱桃番茄产量增加 4.6%，可溶性固形物含量（糖度）高出 10.8%。在上海闵行、松江、宝山、青浦等多点栽培试验表明，"闵樱一号"比"千禧"樱桃番茄产量高出 4.2%～6.4%，而且抗病抗逆性显著增强。

农作物品种登记（2022 年）：2022 年 6 月，"闵樱一号"获得农业农村部"非主要农作物品种登记证书"。

不是上天转一圈后就变成了"太空种子"

　　人们可能认为只要将种子搭载上卫星或飞船，送往太空转一圈，返回后就成为"太空种子"了。其实将种子送往太空仅仅是航天育种的第一步，真正繁琐的工作是返回地面后，需要经过至少4～5年的筛选、淘汰，并经过国家规定的相关品种比较试验，如果2～3年的表现优于对照品种，才可以获得省级或国家品种审定委员会颁发的认定（登记）证书，真正成为具有实用价值的"太空种子"。

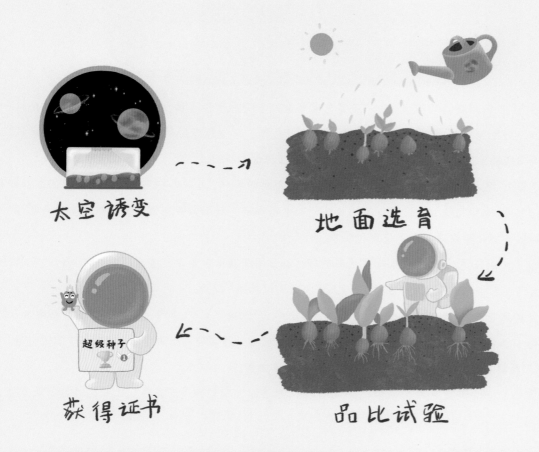

太空诱变

地面选育

获得证书

品比试验

　　作为目前世界上仅有的 3 个（美、俄、中）掌握返回式卫星技术的国家之一，我国自 1987 年起，已 30 多次利用返回式卫星、神舟载人飞船和"天宫"空间实验室等返回式航天器，先后将上千个品种的植物种子和组织等种质材料送到宇宙空间开展太空诱变试验。其中，几个具有里程碑意义的事件应载入中国航天育种史册。

1987 年第九颗返回式卫星的搭载研究，开启了我国农作物种子首次太空之旅

　　当年 8 月 5 日，利用我国第九颗返回式科学试验卫星首次成功搭载了一批水稻和青椒等农作物种子。科学家发现，在极个别上过天的种子中产生了一些意外的遗传变异，于是开始考虑利用这种方式开展农作物航天育种。

2003 年我国航天育种工程项目正式启动

为了加快我国航天育种诱变机理及相关技术的研究，推动航天育种事业的持续发展，2003 年 4 月，经国务院批准，国家发改委、财政部、国防科工委批复了农业部和中国航天科技集团联合编制的航天育种工程项目可行性研究报告，航天育种工程项目正式启动。

2006 年"实践八号"卫星的搭载试验揭开我国航天育种新篇章

当年 9 月 9 日，中国首颗以空间诱变育种为主要任务的返回式科学试验卫星"实践八号"搭载着水稻、麦类、玉米、棉麻、油料、蔬菜、林果花卉、微生物菌种和小杂粮等 9 大类 2 020 份农作物种子和生物试验材料发射升空。卫星上还装载了用于探测空间环境辐射、微重力和地磁场等空间环境要素的多项装置，以开展空间环境要素诱变育种的对比研究，获得的数据被用于探索地面装置模拟空间环境，研究各种空间环境因素的生物学效应与作用机理。自此，揭开了我国航天育种工程历史的新篇章。

2016 年"天宫二号"空间实验室首次成功栽培植物

当年 10 月 17 日,"神舟十一号"载人飞船为中国空间实验室"天宫二号"送去一批生菜种子,生菜也就成为中国首次在太空进行人工栽培的植物。

2020 年航天育种产业创新联盟成立

当年 7 月 18 日，航天育种产业创新联盟正式成立。联盟以助力国家未来农业发展和生态环境建设为使命，研究谋划航天育种发展战略建议，开展航天育种科技交流与合作，提升航天育种科技创新能力，推动航天育种技术成果转化及其产业化进程。

2020 年"嫦娥五号"为深空的航天育种打下了基础

　　当年 12 月 17 日，完成探月任务的"嫦娥五号"月球探测器返回地球，带回的礼物除了月球土壤外，还有一批参与太空旅行的植物种子，它们对我国以后的深空生物学研究、航天育种研究和空间站研究奠定了一定的基础。

　　当年 4 月 29 日，中国空间站首个舱段"天和核心舱"发射任务取得圆满成功，标志着中国空间站在轨组装建造全面展开。中国空间站建成后将成为国家太空实验室，是中国空间科学和新技术研究实验的重要基地。

国外航天育种情况

　　国外的航天育种始于1960年。20世纪60年代初，苏联就报道了太空飞行对植物种子的影响。此后，美国和德国等国家的许多实验室研究了植物在宇宙空间的生长发育及其遗传性状的变化，宇宙空间微重力、高能粒子对植物种子和植株的影响，植物及其细胞在宇宙空间条件下的生长发育及其衰老过程，低等植物在宇宙空间的生长规律等，并在各种类型空间飞行器上进行了许多植物学试验，观察宇宙空间条件下各种类型植物材料发生的变化。

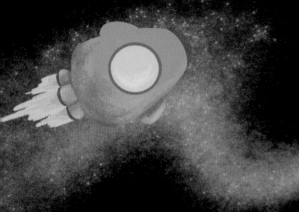

1996—1999年，俄罗斯、英国、美国等国家在"和平号"空间站上成功种植小麦、生菜和油菜等植物。

1995年，美国航天局在北卡罗来纳州立大学建立引力生物学研究中心，重点研究植物对引力的感受和反应，以最终开发出适于太空旅行的植物。

1984年，美国将番茄种子送上太空逗留达6年之久，返回地面后经科研人员试验，获得了变异的番茄，且其后代对人体无毒，可以食用。

2009年底，美国宇航局的作物生理学实验室筛选出作物品种和菌株，如超矮小麦、水稻、大豆、豌豆、番茄和适合空间站栽培的青椒。

我国和其他国家航天育种研究方向的差异

目前，国外根据载人航天的需要，搭载的植物种子主要用于分析空间环境对于宇航员的安全性，探索空间条件下植物生长发育规律，以改善人类在宇宙空间生存的小环境。其目的在于使宇宙飞船最终成为"会飞的农场"，从而最终解决宇航员的食品自给问题。迄今为止，国外尚未见到有关专门通过航天诱变进行农作物育种的研究报道。

而我国的航天育种研究则是着眼于利用太空特殊环境诱导并培育出适合地面农业生产的更多、更好、更高产的作物新品种，解决我国粮食安全保障问题，丰富国民的米袋子、菜篮子和果盘子。

我国航天育种成果

经过 30 多年的努力，中国的航天专家、农业育种专家、遗传学专家通力合作，利用太空环境作为诱变因子，在培育优良农作物品种方面取得了可喜的成绩，已在千余种植物中培育出上千个新品种、新品系。这些品种和材料极大地丰富了我国农作物品种和种质资源，越来越多的航天育种农产品已进入市场、端上餐桌、走进了百姓生活。

这些航天育种农产品包括粮食作物、蔬菜、油料、食用菌、瓜果、花卉和中药材等。

粮食作物：水稻、小麦、玉米、大豆等。

蔬菜：番茄、茄子、辣椒、冰菜、青菜、芹菜、娃娃菜、甘蓝、杭白菜、香菜、架豆、大葱、黄瓜、南瓜、冬瓜、丝瓜、金瓜、西葫芦等。

油料：芝麻、油菜等。

食用菌：金针菇、草菇、灵芝、杏鲍菇、猴头菇、冬虫夏草。

瓜果：西瓜、甜瓜、香炉瓜、葫芦、沙棘等。

花卉：仙客来、三色堇、石竹、矮牵牛、春石斛、蝴蝶兰、醉蝶、一串红、酢浆草、海棠等。

中药材：铁皮石斛、红花、柴胡、板蓝根、黄花、决明子、白术、射干、夏枯球、丹参、桔梗、甘草、穿心莲、黄芩等。

我国第一个通过国家审定的航天水稻新品种

1996 年 10 月 20 日，华南农业大学将"特籼占 13"水稻种子搭载于我国第 17 颗返回式卫星上天。返回地球后，经过多代田间选育而成的新品种，产量比对照品种"汕优 63"增产 4.50%，成为我国第一个通过国家品种审定的航天水稻新品种，被命名为"华航 1 号"。

鱼儿也飞上天

2008 年，福建水产研究所将 20 000 粒观赏鱼鳉鱼卵随 "神舟七号" 载人飞船送上太空进行空间诱变实验。其中，有 9 粒鱼卵在太空中孵化成 "太空鱼"，返回地面后成活 7 条。"太空鱼" 的尺寸由原来的 4 ~ 5 厘米变成了 6 厘米以上，颜色也变得更加鲜艳了，而且与原来的鳉鱼品种相比，抗寄生虫感染的能力大幅提高了，在生长期内从未感染过寄生虫。

上海航天育种进展

自 2008 年，上海首次将农作物种子搭载于"神舟七号"载人飞船开展航天育种研究以来，已成功培育了一批新的航天农作物品种。

搭载情况

2008 年 9 月 25 日 21 点 10 分 4 秒，闵行区将青菜、芹菜、番茄等蔬菜的 17 份种质资源共 200 克种子，搭载于"神舟七号"载人飞船进入太空开展空间诱变实验，其间共环绕地球飞行 2 天 20 小时 27 分钟，于 2008 年 9 月 28 日 17 点 37 分成功返回地面。

2016 年 10 月 17 日 7 时 30 分，将青菜、番茄、草莓、黄瓜、洋葱、大葱、甜瓜、水稻等农作物的 13 份种质资源共 42.1 克种子，搭载于"神舟十一号"载人飞

船进入太空开展空间诱变实验，环绕地球飞行 33 天，并于 2016 年 11 月 18 日 14 点 13 分成功返回地面。

2020 年 5 月 5 日 18 时，将青菜、西兰花、花菜、塔菜、茼蒿、黄瓜、番茄、萝卜、大葱等蔬菜的 10 份种质资源共 80 克种子，搭载于新一代载人飞船试验舱开展空间诱变实验，环绕地球飞行 4 天，并于 2020 年 5 月 8 日 13 时 49 分成功返回地面。

2021 年 10 月 16 日 0 时 23 分，又将番茄、茄子、青菜、西兰花、花菜、塔菜、丝瓜、南瓜、苦瓜、甜瓜等 24 个蔬菜品种的 140.6 克种子，搭载于"神舟十三号"载人飞船进入太空，并于 2021 年 10 月 16 日 9 时 50 分，进入空间站"天和核心舱"，开启为期 6 个月的飞行实验，并于 2022 年 4 月 16 日 9 时 56 分成功返回地面。

培育了9个具有自主知识产权的航天品种

◆ "闵青101"青菜

耐热杂交青菜，中矮萁类型，生长势强。成株单株重480克左右，成熟株亩产可达2200千克，比对照品种"华丽"增产5%。耐热、耐湿，具有较强抗逆性，且品质优、纤维少。

◆ "太空芹106"芹菜

质地脆嫩，纤维少，味清香，商品性极佳。平均单株重800克，亩产量4500千克，比对照品种"黄心芹"增产11%左右。

◆ "闵粉一号"番茄

坐果能力强，果实扁圆形，成熟时果色粉红，单果重250～300克，酸甜适中，口感好，果实硬，耐运输。抗病毒病、叶霉病、耐疫病。平均亩产4800千克，比对照品种"金鹏一号"增产4%。

◆ "天舟苜蓿"

由三叶型变异为七叶型，鲜草产量比亲本"航苜1号"增加15%，粗蛋白含量增加1.7%。

◆ "绿标"青菜

产量比对照品种"苏州青"增加4.2%，抗病性（霜霉病）显著提高，达到高抗水平。

◆ "短把申青"黄瓜

产量比对照品种"申青一号"增加5.1%，口感更松脆。

◆ "浦粉8号"番茄

产量比对照品种"浦粉1号"增加13.6%，果肉厚实，耐裂果、耐储运。

◆ "航育晚抽"大葱

亩产量5082千克，比对照品种"长悦"增产6.1%，且对病毒病、紫斑病、霜霉病的抗性明显优于对照品种。

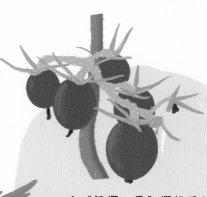

◆ "闽樱一号"樱桃番茄

亩产量比对照品种"千禧"增加5.24%，可溶性固形物含量高于对照。

48

航天育成品种的安全性

有些人会担心，经太空遨游归来的种子，是否带有放射性物质？食用后，是否对人体有害？答案是否定的。同样，一听到基因突变，人们未免有点疑虑，这些上过天的种子会发生基因突变，是否也属于转基因呢？答案同样也是否定的。

其实，辐射在我们的生活中无处不在，任何带电体都有电磁辐射，比如电视、手机、微波炉、微波医疗设备等都可以成为产生不同频率、不同强度的电磁辐射源。只要辐射强度不超过国家安全标准，就不会产生负面效应。

此外，世界各国已将钴^{60}或铯^{137}等放射性元素的 γ 射线以及电子加速和 X 射线食品辐射（或辐照）技术，广泛应用于水产品、肉制品、蛋类、面包、米、方便面、脱水蔬菜等包装食品的杀虫、消毒、杀菌、防霉处理，从而达到延长食品保存时间、提高质量的目的。

1983 年，世界卫生组织 (WHO)、联合国粮农组织 (FAO) 和国际原子能机构 (IAEA)，经过连续 6 年的国际合作研究结果表明，食品、药品的辐照过程，实质上是一种物理过程，其结果同热加工和冷藏一样。其结论是，"任何食品、药品当其总体平均吸收剂量不超过 10 千戈瑞（戈瑞是物理量'电离辐射能量吸收剂量'的标准单位）时，不需再做毒性试验，且营养学和微生物学上也是安全的"，因此该标准也被称为"国际安全线"。

我国对辐照食品的安全，从辐照源、辐照原则、辐照食品种类和剂量、辐照食品标识和包装等都有明确规定。

各类食品的辐照剂量

食　　品	辐照处理目的	总平均吸收剂量 （千戈瑞）
豆类、谷物及其制品 豆类≤ 谷物≤	杀虫	0.2 0.6
新鲜水果、蔬菜≤	抑芽、推迟后熟、延长货架期	1.5
冷冻包装畜禽肉≤	控制微生物	2.5
熟畜禽肉≤	控制微生物、延长货架期	8
冷冻包装鱼、虾≤	控制微生物	2.5
香辛料、脱水蔬菜≤	杀虫、杀菌、防霉	10
干果果脯≤	杀虫、延长货架期	1.0
花粉≤	保鲜、防霉、延长货架期	8

而经检测，植物种子在宇宙飞行器中受到宇宙辐射的剂量一般在 0.01 戈瑞左右，故不会增加任何的放射性。同时，从太空归来的种子，都会经过严格的专业检测，结果发现种子的放射性没有任何增加。

　　1996 年，我国科研人员采用专业的珈玛谱仪，对搭载于第 17 颗返回式卫星的种子进行测定，发现这些种子的放射性并没有增加。而用太空种子种植出来的粮食、蔬菜等更不具放射性，因此食用太空食品不存在不良反应，是安全的。

　　2015 年 8 月，国际空间站上的宇航员就直接食用了在轨实验舱上种植和收获的生菜等，没有任何不良反应。这些在太空种植和收获的蔬菜在返回地面后也经过了严格的食品安全和营养检测，其安全性完全无虞，所含有的营养价值与地面生长的生菜也基本一样。

　　此外，航天育种也不是转基因育种，它不涉及任何内源或外源基因的导入，只是利用太空特殊的环境使植物的基因序列发生了重组或改变，这种变异与自然界中植物的自然变异本质上是一样的，仅仅是时间快了点，变异频率高了点而已。

转基因是指利用现代分子生物技术，从某种生物中提取所需要的基因，将其转入同种或另一种生物中，使两者的基因发生重组融合，从而表达产生所具有的特定遗传性状，使具有该转基因的生物在性状、品质、抗逆性、营养成分等方面向人们所需要的方向发展。

 ≠

航天育种 ① ② ③ ④ ⑤ → ① ② ③ ⑤ ④

转基因技术 ① ② ③ ④ ⑤ → ① ② A ③ ④ ⑤

绿色食品由生产过程决定

太空食品和绿色食品是两个不同的概念。在我国，农产品及其相关产品按等级可分为无公害农产品、绿色食品和有机农产品。绿色食品与种子的来源无关，无论是太空种子，还是其他种子，只要生产环境、生产过程符合绿色食品标准，并获得绿色食品标志使用权，就是绿色食品。

使用安全的投入品，按照规定的技术规范生产，产地环境、产品质量符合国家强制性标准并使用特有标志的安全农产品。

产自优良生态环境、按照绿色食品标准生产、实行全程质量控制并获得绿色食品标志使用权的安全、优质食用农产品。

根据有机农业生产要求和相应标准生产、加工，经具有资质的独立认证机构认证的农产品。不使用化学合成的农药、肥料、转基因生物及其衍生物。

航天育种食品并不都是 "大块头"

看到 2 米多长的太空丝瓜，很多人误以为采用航天育种培育成的农作物都是 "大块头"。其实不然，航天育种所产生的变异是不可预见的，它后代的表现也是各种各样的，有变大的，也有变小的；有变长的，也有变短的，这取决于育种专家选定的育种目标，比如水稻、小麦，专家就希望通过航天育种获得矮秆变异植株，以抗倒伏。

我会变成什么样呢？

中国航天育种未来发展

30 多年来，我国的航天育种硕果累累，已步入研究和应用阶段，并在全国各地建立了一大批航天育种示范推广基地，培育出一大批农作物优良品种和品系，取得了很好的经济效益和社会效益。

随着党中央提出"要开展种源'卡脖子'技术攻关，立志打一场种业翻身仗"，以及我国空间站即将建成、深空探测计划稳步推进的"航天时代"到来，航天育种也迎来了重要的发展机遇期。

航天育种将致力于服务于地面上的农业现代化发展，服务于未来的太空探索。

中国空间站的建成，将改变以往受载荷重量、搭载条件、飞行时间等限制，创制出更多的新材料、新种质、新资源，培育出适合农业生产需要的优质、高产、多抗植物新品种，服务于国家粮食安全战略，为国民提供更多更好的农产品和食品。

我国的空间站和深空探测、地外基地建设等，均需要探索空间环境下植物生长发育规律，以便在太空飞行时为长期驻扎和工作的航天员直接提供食物和营养补给，并模拟营造出适于太空旅行和生活的环境。

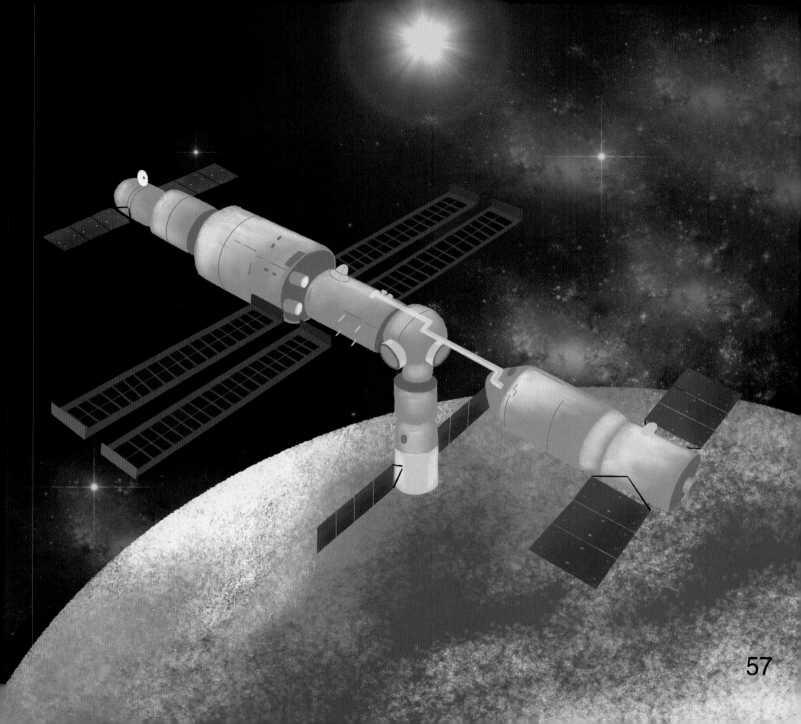

浩瀚太空，充满了未知和挑战，有待于人类去探寻、去认知、去开发，现代航天科技与古老农业完美结合的航天育种技术，必将创造新的奇迹，来自蓝色太空的种子，必将开花结果，造福人类。

参考文献

1. 杨利伟. 对推动航天育种技术产业发展的思考与建议 [J]. 中国航天, 2019（6）: 44-48.

2. 航天育种助推农作物品种改良 [J]. 农村新技术, 2018（8）: 4-7.

3. 潘光辉, 尹贤贵, 杨琦凤, 等. 农作物太空育种研究进展 [J]. 西南园艺, 2005, 33（4）: 34-36.

4. 航天育种: "神舟"孕育神奇"太空种" [J]. 农村. 农业. 农民: 上半月, 2011（12）: 45-47.

5. 薛惠锋, 王家胜, 周少鹏, 等. 我国航天育种三十年发展现状、问题及建议 [J]. 中国航天, 2017（12）: 19-22.

6. 郭锐. 从水车上的豆子到航天育种——简述人类良种选育的发展 [J]. 太空探索, 2017（11）: 24-27.

7. 刘录祥, 郭会君, 赵林姝, 等. 我国作物航天育种二十年的基本成就与展望 [J]. 核农学报, 2007（6）: 589-592.

8. 航天育种有关知识 [J]. 麦类文摘（种业导报）, 2007（2）: 39-40.

9. 张宝树, 杨学仪. 浅析航天搭载技术在农作物育种中的应用 [J]. 种子世界, 2009（3）: 58-59.